U0342631

YEARBOOK 2015

2015 CHINA INTERNATIONAL INTERIOR DESIGN YEARBOOK

2015中国国际室内设计年鉴

北京亚太博艺国际文化艺术传播有限公司 主编

天津大学出版社
TIANJIN UNIVERSITY PRESS

图书在版编目（CIP）数据

2015 中国国际室内设计年鉴 ／ 北京亚太博艺国际文
化艺术传播有限公司主编．—天津 ：天津大学出版社，
2016.4
ISBN 978-7-5618-5557-7

Ⅰ．①2… Ⅱ．①北… Ⅲ．①室内装饰设计－世界－
2015－年鉴 Ⅳ．① TU238-54

中国版本图书馆 CIP 数据核字（2016）第 089671 号

出版发行	天津大学出版社
地　　址	天津市卫津路 92 号天津大学内（邮编：300072）
电　　话	发行部 022-27403647
网　　址	publish.tju.edu.cn
印　　刷	北京盛通商印快线网络科技有限公司
经　　销	全国各地新华书店
开　　本	235mm×304mm
印　　张	19
字　　数	262 千
版　　次	2016 年 6 月第 1 版
印　　次	2016 年 6 月第 1 次
定　　价	358.00 元

凡购本书，如有质量问题，请向我社发行部门联系调换
版权所有　侵权必究

序 言 Preface

随着国际创意设计产业的快速发展，中国的室内设计师正在经历经济快速发展时期的历练和洗礼。在中国逐渐涌现出一批优秀的室内设计师和知名的设计机构，其设计作品吸取各种文化元素和国际元素，展现出独到的设计思想和设计理念。《2015 中国国际室内设计年鉴》作为一本汇集国内外一线设计师最新作品的大型设计类专辑图书，必将为国内外设计师和设计机构及关注和喜欢室内设计行业的读者提供学习和交流的机会。同时本书将为国内外优秀的设计师展示设计作品、传播设计理念提供更广阔的媒体平台。

设计改变生活，本书的宗旨是挖掘、发现、收集、推荐国内外更多的有创意设计才华的设计师，展现他们的设计才华，传播他们的设计理念，为引领中国室内设计行业的国际化发展做出贡献。

我们希望通过《2015 中国国际室内设计年鉴》这本书，为更多国内外优秀的设计师找到一个真正展示自我的平台。希望国内外优秀的设计师积极投稿，我们将为每位优秀设计师提供最优质的媒体资源服务。

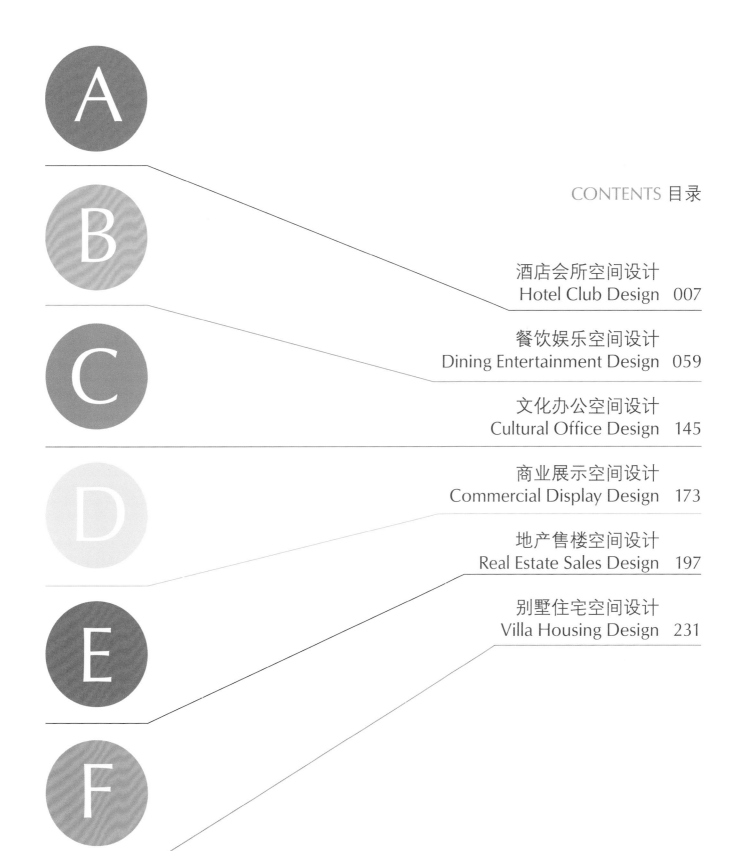

CONTENTS 目录

酒店会所空间设计
Hotel Club
DESIGN

设计师
Designer
梁景华 Patrick Leung
PAL 设计事务所有限公司

桂林拥有"山水甲天下"的美誉，洞奇水秀，山清石美。项目的设计理念是传承其独特的地域文化和多姿多彩的民族风情。传统艺术文化的形态和色彩强烈而富有张力，以现代、大气的姿态在天花板、墙壁、照明灯具和家具等处呈现，互相辉映。设计概念贯穿各个公共空间，如大堂、大堂吧、电梯厅、过道、全日餐厅、中餐厅和宴会厅等，各处各具独特元素，营造别具一格的情怀和趣味。设计采用主宰中式设计历史调色板的中国红，加上可代表东方情怀的色彩，如石灰绿、宝石蓝、翠碧青，甚至彩虹色系等颜色，谨慎平衡的恰当处理产生了极致的视觉效果。

桂林福朋喜来登酒店

上海星河湾花园酒店

设计师
Designer

邱德光 Qiu Deguang

邱德光设计事务所

继广州星河湾酒店等成功的酒店设计案例后，新装饰主义大师邱德光又推出酒店新作——上海星河湾花园酒店，其以"星河梦幻花园"为主题，恢宏大气，华丽旖旎，并融合中西古今，再创时尚巴洛克的新典范。

邱德光表示，上海星河湾花园酒店融入中国、西方、时尚、当代艺术等多层次元素，具备与众不同的梦幻气质，创作难度高，达到了一般酒店无法呈现的细腻与精致的效果。

杭州北山路秋水山庄——文华会馆

设计师
Designer

刘卓 Liu Zhuo

浙江银建装饰工程有限公司

秋水山庄是 19 世纪 30 年代我国报业巨子、上海《申报》报主史量才以他的爱妻沈秋水的名字命名的江南庭院式建筑。会馆四周有庭院，沿着北山路有围墙、铁门。秋水山庄的整个花园显得小巧精致，加之四周植有花草树木，置有亭台廊棚，叠有假山石洞，挖有曲池鱼塘，风花雪月，耳可闻放鹤亭空谷传声，目可睹地庵木鱼撞钟。房子位于杭州西湖区北山路，背倚葛岭，临西湖而筑，是 20 世纪 30 年代初极具民族特色又兼具西式风格的优秀建筑之一，故在有关档案中将它的设计风格定性为"改良中式"。

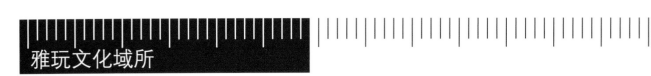

雅玩文化域所

设计师
Designer

黄一 Huang Yi

上海壹尼装饰设计工程有限公司

本项目为私人制茶文化会所，以"无设计"理念进行空间设计，在满足功能需求的同时达到装饰的效果。空间由入口花园、主茶席区、三间可灵活分隔的 VIP 间及工作配套等功能区组成。入口花园取名"静心池"，希望会员们能带着安静的心步入域所；如果会员还不够心静，则可踏入为其准备的"敬畏池"——10 cm 深的水池，以示对茶的敬畏。

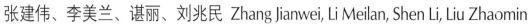

南京珍宝假日大饭店

设计师
Designer

张建伟、李美兰、谌丽、刘兆民 Zhang Jianwei, Li Meilan, Shen Li, Liu Zhaomin

深圳市嘉禾空间设计有限公司

项目的整体设计主题明确，思路清晰，体现六朝古都——南京特有的文化元素，设计风格定位为现代简约中式。大堂的立面设计采用石材与古铜色隔断相互结合的手法，古铜色立面隔断上的符号为南京特有的曲折造型图案，同时天花板与立面符号相近，尽显文化元素。餐饮空间的设计延续大堂符号，立面同样为石材与软质材料及铜质隔断相互结合，相互衬托。客房及套房层面的设计均采用简洁实用的设计手法，色调及细部做法上面均延续其他空间的特点。在套房的设计上，继续延续主体套路，使地方特色在此彰显得淋漓尽致。

南京珍宝假日大饭店

伊颜养生馆美容SPA会所

设计师
Designer

赵志伟 Zhao Zhiwei

北京元致美秀环境艺术设计有限公司

项目的设计理念为"远离尘世喧嚣，幽雅静谧，宛如遗世独立的世外桃源"。光照方面大部分用了漫反射，照明设施暗藏于天花板、地台或墙面等，这样光基本照不到使用者的脸上，却可以让其清楚地看清物体，暖暖地营造惬意和私密的环境。项目设计在功能上抛弃了固有的模式来探索"幽雅静谧"，把动静区巧妙地分离开来，把员工流线和服务流线完全分隔开来。等候咨询区被安排到了前台的对面并设有舒适的组合沙发，访客在等待或休闲的同时可以欣赏陈设柜上陈列的产品，这样的设计同时也提高了员工的服务效率。

夏特尔主题酒店

设计师
Designer

沈荣兴 Shen Rongxing

苏州甲古文装饰设计有限公司

此项目位于江苏常熟市中心繁华的方塔东路，面积约 2 000 m²，分为九大主题区：Hello Kitty、阳光假日、潘多拉、玲珑、北海道、海豚湾、玫瑰园、鸟巢和蝶变。本主题酒店适应人群为 20~25 岁的年轻人，他们追求自由，追求浪漫，追求时尚，富有冒险精神。设计理念来自美丽的大自然，将大自然搬入室内并进行艺术加工，让整个设计情景交融，逸趣横生。此主题酒店意在给年轻人营造一个放松身心的地方，在此他们可以体会自然与艺术赋予空间的价值。

广源闸中式会所

设计师
Designer

彭小龙 Peng Xiaolong

亿合建筑装饰设计有限公司

项目在建筑形式及功能布局的设计上重在延续四合院的文化功能和历史价值。设计依据"天人合一"的思想、"方位在天、礼序在人"的关系、休闲会客的功能模式，使整个宅院凝结、承载了中国的传统文化。内外装修全部采用传统做法，在保留房屋原有风貌的基础上，结合了一些现代施工技术，整个设计集传统、历史、现代于一身，让人品味东方古典建筑之美，并感受它带来的至尊享受。

江西南昌红谷滩萍钢酒店

设计师
Designer

曹炳军 Cao Bingjun

深圳市现代城市建筑设计有限公司东莞分公司

项目位于江西南昌红谷滩世贸路和凤凰路的十字交叉口处，遵从"以人为本"的原则，设计中大至空间，小至细部处处注重创造愉悦、便利、优美的氛围，强调合理的空间布局、顺畅的交通流线、丰富的空间序列，体现独特的人际关系。该项目用可持续发展的理念进行设计，充分考虑建筑发展的可持续性、操作性，运用体块、虚实光影、材质的对比变化营造无限的建筑空间。直线与曲线的自由组合、虚与实的相互穿透、现代建筑语言与符号的运用，使空间达到完美的统一。设计把城市活动引进来，实现动态交流，其核心是引入城市交通与人流。

餐饮娱乐空间设计
Dining Entertainment
DESIGN

轻井泽锅物·台南店

设计师
Designer

周易 Zhou Yi

周易设计工作室

坐落于大道旁的轻井泽锅物·台南店店面宽 30 m，很难想象这是由老旧的铁皮家具卖场改造而成的地景艺术。建筑顶部拉出水平线条的锈色金属轮廓，营造出安定与稳重的氛围。

骑楼两侧是一大一小、各拥奇趣的禅意水景，左边主水景宛如托高长盘，盘上点缀三方景石，颇有怀石料理摆盘的意境，盘面潺潺流动的水幕佐以唯美灯光，峥嵘奇石仿佛漂浮其上，右翼副水景则以朴拙瘤木为主角。

主要用餐空间都集中在一楼，大致呈"回"字形环抱中央的灯光干景，半空中由竹子排列而成的围篱对应下方两座景石和土俵枯山水，后段的卡座紧挨大面玻璃窗，窗外与邻栋建筑间植满生机盎然的翠竹林，从绿油油的后景竹林、中景的土俵枯山水到前端的水景、植栽，环环相扣的景观链大大提升了"食"的趣味与深度。

设计师
Designer

周易 Zhou Yi

周易设计工作室

全案的主要设想在于对味蕾必要的满足之外，通过不设限的设计手法勾勒情境布局，创造更深层的感官刺激、美学意识以及性灵陶冶。

刻意低调的灰阶建筑外观形同垒石城廓，前缘的骑楼、回廊导入中国苏州园林的浪漫构图，而回廊和主建筑物之间安排浮岛水景，轻轻隐喻诗人笔下的无边意趣。室内空间则颠覆普世印象中的餐厅形式，以巨大的金色佛手、佛头，飘逸的浮烛和线香等源自东方的清净语汇，调和静谧与沉稳兼备的空间氛围，时时有氤氲水雾腾绕其间，精心营造一处将美味锅物与奇幻逸界相契合的主题空间。

城市公社

设计师
Designer

何宗宪 He Zongxian

PAL 设计事务所有限公司

城市公社项目位于香港旺角购物商场内，占地约 170 m²。旺角的 Moko 购物中心以青年和旅客作为主要顾客群，同时旺角具有强烈的次文化气息。由于餐厅特殊的地理位置，考虑到餐厅的坐落位置与地点文化所特有的风格，于是将以城市为主导的滑板街头文化融入设计之中。这里没有遵从各种礼仪的拘束感，设计师为熟识这种文化或从未认识这种文化的人们提供了一个开放式的交流空间，各个不约而同到来的游人，为享受这种无所拘束的感觉而来，一同分享最轻松的用餐空间。

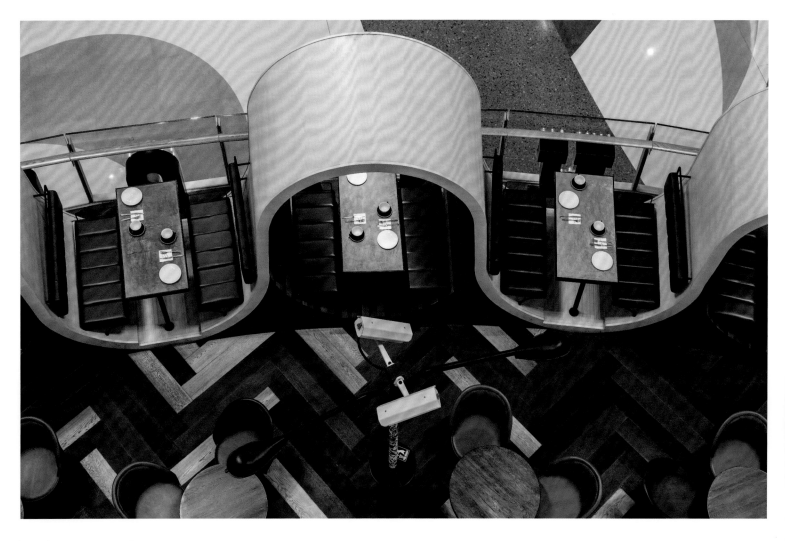

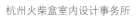

设计师
Designer

吕斌 Lu Bin

杭州火柴盒室内设计事务所

　　设计在有利的室内环境下，因地制宜地创造了一个舒适的海边就餐场景。入口处运用自然材料以突出视觉的"新鲜感"，让人自然联想到新鲜的食材；生铁、回收木材、清水混凝土及裸露石块的结合则呈现出充满质感与线条的效果，不同于其他空间粗犷的工业原始感。在故名"舟山"的启发下，在室内特别定制设计了一艘就餐渔船，结合有波浪线的水磨石地面，渔船犹如在泛起阵阵涟漪的海上，在自然光的映照下，等待出港！

设计师
Designer

徐麟 Xu Lin

加拿大立方体设计事务所

街烧派主题餐厅位于辽宁省大连市，餐厅打破传统概念上的就餐模式，将欧洲的街头艺术与工业元素融入其中，开拓全新的艺术风格。工业风格的装饰，加上布满了各种涂鸦的集装箱，空间充满了艺术风情。空间设计将散台和包房通过集装箱隔离开来，有效分割空间，主题餐厅融合了街头风格，别出心裁的装饰、舒适柔软的家具、柔美温馨的灯光，配上舒缓而又极具魅力的现场音乐，完美地展示了全新风格的主题餐厅。

私人订制主题量贩式 KTV

设计师
Designer

徐麟 Xu Lin

加拿大立方体设计事务所

私人订制主题量贩 KTV 坐落于辽宁沈阳铁西区云峰街，KTV 设计中利用欧洲街景为切入点，采用"室外景观室内做"的设计理念，把欧洲老式的街景引到 KTV 走廊，产生强烈的视觉冲击感。KTV 融合纯粹的欧式街景风格、温馨优雅的装饰、柔美动人的灯光，配上顶级的音控设施，打造北方地区最顶级的主题量贩 KTV。材料选择了复古红砖、欧式高窗、复古壁灯及街景路灯。主题包房新颖多变，其中包含巧克力、兰博基尼、Gucci、大黄蜂等主题包房。多变的空间带来更深层次的娱乐体验。

W1 海鲜餐厅

设计师
Designer

黄一 Huang Yi

上海壹尼装饰设计工程有限公司

项目位于上海市徐汇区乌鲁木齐南路1号，毗邻幽静的美国领事馆、曾经的法租界，环境优美舒适。1~2楼为酒吧，拾阶而上，到达3楼，推门而入，映入眼帘的是别样的工业LOFT装饰风格。餐厅面积约220 m²，分多功能区、长卡座区、海鲜BAR区和半VIP区，配以Art Deco风格的蓝丝绒沙发、质朴的原木餐桌、粉红玫瑰桌花、水晶烛台闪耀的幽幽烛光、擦得透亮的水晶高脚杯、折叠成小衣服状的餐巾，气氛有点暧昧但令人心情舒畅，如此细节下的美食被衬托得更加鲜美。

安徽胜豪客餐厅项目设计

设计师
Designer

魏晋安 Wei Jin'an

魏晋安设计事务所

项目的设计风格为LOFT复古混搭，创意来自俄罗斯方块游戏升级版，内部元素可随意调动变形。屏风为白色麻绳制作，麻绳上面绘制素描山形。月牙形的吧台与山形的屏风连接，墙面的装饰设为贪吃蛇游戏里的形状。文化石墙面采用白色腻子粉加白乳胶模造型。户型为异型，通过户型优化，重新对餐饮布局规划定位，楼梯部位则绘制了水墨山水，突出当地的文化元素。

藏珑泰极（上海商城店）

设计师
Designer

江蕲珈 Alex Jiang

上海本善装饰设计工程有限公司

　　泰国和越南这两个给人不同感觉的国家有不一样的思维态度，但在设计风格上有相近的材质元素与表达手法，这就是 lapis thai 的思维精神。项目设计中，几何线条划破整个空间不规则的地形，放射形天花与水磨石嵌铜条相互呼应，大量的火山岩材质与特色造型结合，展现出东南亚禅风与时尚的空间元素。视觉部分，立体切块结合 3D 投影，增加 lounge bar 的亮点。色彩缤纷的座椅添加了热烈气氛，配合加高区复古拼花地板，更具时尚感。

玫瑰花园自助烤肉（健翔桥店）

设计师
Designer

付养国、桑世东、刘达 Fu Yangguo, Sang Shidong, Liu Da

北京朗圣装饰设计策划有限公司

作为玫瑰花园自助烤肉在北京开的第三家店，其品质与环境要求既要有传承，又要有突破。设计想突出的是蓝黑色与原木色及爱马仕橙色的色彩搭配。餐厅中间的椭圆形取餐台，是三个餐厅的统一形象。最让人惊艳的是天花板上飘落下的玫瑰花瓣，它们是整个餐厅的视觉中心，能提升整体的浪漫气质。在分散的局部空间里，统一的原木餐桌，配以各式的北欧餐椅，在色彩和质感上点缀了整个空间。红砖墙体、欧式飘窗，配上暖暖的工矿灯，让空间更具亲和力。设计采用了现代工业感的手法，结合了粗犷的北欧风格，目的在于让空间兼具朴素、简洁、慵懒气质的同时，又赋予其田园文化和特色。

潘多拉游戏咖啡俱乐部

设计师
Designer

张存光 Zhang Cunguang

北京阡陌驿行建筑装饰设计有限公司

项目位于长春最繁华的商业街——桂林路1118号，是一家以动漫为主题集网吧、咖啡、桌游、密室逃脱于一体的综合性娱乐场所。设计师运用自然材料及相关动漫元素为整个场所注入了一种童话般的浪漫复古情怀。而随处可见的各种铁管造型更是突显了80后坚挺的脊梁和不屈性格。室内空间场景在满足功能的同时，将红砖、水泥、原木等自然材料充分结合，形成了工业化和动漫结合的全新复古风格，完成了在高科技世界复古风的一次开荒。

V LOUNGE 酒吧

设计师
Designer

张存光 Zhang Cunguang

北京阡陌驿行建筑装饰设计有限公司

项目位于天津塘沽滨海新区的泰达时尚天街。步入空间，映入眼帘的是大面积的红砖墙面，配以精心挑选的装饰摆件，使空间生活气息更浓。门庭右手旁设置循环水景，几尾锦鲤畅游其中，气氛舒适、悠闲。进入大厅散座区域，手绘天花异常抢眼，零星散布的烛台、美式混搭家具、原木、红砖，一切的一切会让你忘记生活的重负，让心放逐。VIP 商务区与大厅保持半封闭状态，钢丝串起无数调酒壶，形成装饰隔断。吧台区复古的装饰突显酒品的精美，原木吧台让人备感亲切。

北京院落餐厅

设计师
Designer

刘佳睿 Liu Jiarui

香港颉睿设计有限公司

在当今这个讲个性风格的时代里，现代餐桌不再以一些规则限定人们对它的选择。同时，就功能而言，还要求餐厅的空间敞亮一些。光影的营造、家具的形态、色彩的渲染、器皿的匹配等都是不可缺少的，但主要还是灯光设计与餐台的构建。通过对餐厅整体布局的把握，整个设计传达出对生活的重视，以现代人的审美需求来打造富有时代感的审美理念，结合现代新型材质和灯光营造出富有高贵气息的餐厅空间，在时尚的同时使之富有舒适感，展现餐厅的使用价值和精神价值。

寻找时间——中铁十二局集团晋湘饭店改造工程

设计师
Designer

舒惟莉 Shu Weili

中铁十二局集团有限公司勘察设计研究院

本案是一个具接待性质的餐饮空间，考虑到要接待的人员大部分是男性，所以整体采用比较硬朗的风格，多用简洁的直线条表现其特质。为避免直线的过于生硬与严肃，局部用曲线进行柔化。气氛营造方面，利用色调的不断转换营造出不同的空间气质。材料选择上，多选用天然质朴纹理的材料，如1号包间用青石板、板岩、仿青砖瓷砖、手抓纹仿古复合木地板等材料，配饰方面选用中国特有的且又具深刻寓意的饰品，营造出整个空间朴拙、典雅的氛围。

恒隆大酒店

设计师
Designer

吴中华 Wu Zhonghua

常州龙昊恒艺装饰工程有限公司

项目是商家在常州的升级店，设计主题思想是定位于大众化的百姓消费，同时体现一定的海文化主题，为海鲜火锅定义赋予更深层次的文化内涵。因此在环境和空间设计上充分考虑其独特的新颖性，体现品牌的特点和优势，以吸引更多吃客光临。设计以海派传统文化为基调，配以具有常州本土文化特色的餐饮，空间融入地中海风情的文化特色及饮食文化特色，同时结合现代的手法提升空间的档次。增设背景音乐和灯光照明效果，使吃客仿佛置身于海洋之中享用美味的海鲜火锅。

设计师
Designer
范志勇 Fan Zhiyong
西安佰将装饰设计工程有限公司

在日趋紧张、生活节奏越来越快的年代，速度、个性与机遇在现代文明的气息中弥漫。放松，放松，再放松，我们需要个性，需要创意。3 层 KTV，43 个包间，10 种风格定位，外加主创意，成为设计的框架。每个主题包间中，完美的软装配饰使主题色彩更加富有魅力。简洁的地面全部采用瓷砖拼花，既在性价比上满足了业主的要求，又为整个设计锦上添花。墙面简洁，色调明快，干净清爽，符合设计定位要求。

佰将之色彩诱惑

文化办公空间设计
Cultural Office
DESIGN

天津万科办公楼

设计师
Designer

王少青 Wang Shaoqing

赛拉维室内装饰设计（天津）有限公司

项目位于天津梅江中心，是一座甲级写字楼，整个办公空间从大体上分为对内及对外两个工作区。橙色区域为对内工作区，绿色区域为对外工作区。对外工作区在提高工作交流效率的同时，还起到保护公司内部隐私的作用。在细部划分上，利用模块化区分，各个部门内都设置了交流讨论区，便于各部门内部之间小规模的工作交流及探讨。模块区划分从整体角度出发更有利于公司的管理。除了在三维空间上做出划分之外，在二维视觉上也进行了划分，各个部门都有体现各自属性的代表色。

天津长和生物技术有限公司办公楼

设计师
Designer

刘雅正、曲秋澎 Liu Yazheng, Qu Qiupeng

天津市东林维度装饰设计有限公司

项目位于自然环境优美的盘山风景区——天津蓟县盘山开发区，为生物制药公司，面积是 6 000 m²。
公司的选址充分体现了公司整体对于自然人文的关怀，同样在内部装饰设计上也秉承这一理念。整体
色调贯穿了企业色，体现了科技、关怀、洁净。装饰形式上轻松自然的同时又给人以坚实的信任感，
提升了整个企业的国际化形象。

-coffee bar-

MIKL-Battentall Creamdry(Satemil)

OATS&GRNNS-CeugaPureOrgars(lttaam)

YOUNG LENOCES-Oudorn Srate Wrutom Fans(Nealknj)

TAP SODK-Brooksn Sodawroks(Brodkyeny NY)

苏宁易购总部大楼

设计师
Designer

白一希 Bai Yixi

常州厘百 (Leeby) 艺术设计有限公司

在一个将近 90 000 m^2 的空旷庞大的办公空间中，艺术品成为整个空间不可或缺的灵魂。在顶面空间上，以块状云朵形成的 "云舞" 装置，如从天而降的朵朵白云，优雅、富于遐想，由线贯穿，随风旋转，飘逸灵动，成为连通整个纵向空间的灵魂。累积堆叠的羽毛，高空悬挂，造型多变，迎风舞动，意境空灵柔美。不管是中庭悬挂的大型装置，还是墙面上固定的有着深远意义的艺术品，都无不在表现着一种由内而外的企业精神——创新、进取、团结、张力。

艾米瑞克国际幼儿园

设计师
Designer

张晓光 Zhang Xiaoguang

张晓光幼儿园高端设计机构

从简洁的大门进入大厅，眼前的场景让我们有些恍惚：这是幼儿园？还是游乐场？只见绿色的环形隔断与下沉式儿童沙池相映成趣。本园的创立人是一位留英归国的教育热衷者，致力于将国际幼教的先进理念植于本土的家长与孩子们的心目中，那便是生态、健康。因此设计时在环境上要求苛刻，每一处细节尽善尽美，将自然的元素如行云流水般地应用在每个空间，给予孩子360°的精神关注。每一个经过的路人，都会驻足欣赏，每一个来到这里的孩子，都会恋恋不舍吧？

设计师
Designer

韩永涛 Han Yongtao

北京金田伟业装饰设计有限公司

项目位于山东枣庄台儿庄古城著名的船形街中心区，集展览、餐饮、保健为一体。在设计尺度上以人工学为标准，保持和适当改善原有的空间尺度，在整个设计中尊重当地人文、当地工艺、当地材料，含蓄地提升本案的文化气质。"关注、体验中医文化"是设计的主题，在选择家具、灯具、屏风、花格、窗帘甚至洗手盆的时候，都强调每一件陈设都拥有和环境相通的生活气息，每一个空间都能形成不同的韵味。

天津方标世纪规划建筑设计有限公司办公楼

设计师
Designer

韩帅、李洪泽、刘雅正 Han Shuai, Li Hongze, Liu Yazheng

天津市东林维度装饰设计有限公司

这座美丽如博物馆的建筑背后，有着明确的实用设计哲学，它包含一个巨型会议厅，一个会所，一个自助咖啡馆、茶亭，两个挑空大堂，四个大公共休息区及 4000 m^2 的办公空间。该结构是建立在一幢现代化的钢筋混凝土为单元基础的建筑的顶层上。三层空间是整个办公空间的核心区域，有公司的大会议室、贵宾室等，大会议室被命名为大屋，直白且具有深意。

商业展示空间设计
Commercial Display
DESIGN

设计师
Designer

张泽淋 Zhang Zelin

深圳张泽淋设计有限公司

当消费者的认识已经超过商家的认识的时候,此时需要设计出一种新的带有情感元素的体验空间。蓝韵就是一种新的空间体验和感受。蓝,每个消费者心中都有一种蓝色。韵,不同的消费者有着不同的空间体验。这里不去追求引导消费者,强调品牌本身的优势,而是为消费者提供一种空间的文化感受。

设计师
Designer

邓文均、谌丽、吴文威 Deng Wenjun, Shen Li, Wu Wenwei

深圳市嘉禾空间设计有限公司

于家堡金融区是集中展示天津滨海新区国际大都市形象的标志区，规划突出滨水、人文、生态特点，形成集金融办公、商业服务、配套公寓、文化娱乐、休闲旅游等功能于一体的国家级金融商务中心。项目总建筑高度248 m，是于家堡起步区目前最高的建筑，外观高端、大气、现代。项目招商中心位于项目附楼A座一层东南角，面积约469.24 m^2，主要承接楼宇招商、招租的客户接待工作，需具备如展示区、洽谈区、贵宾接待区和影音室等功能区间，招商中心的设计体现出了项目稳重的风格。

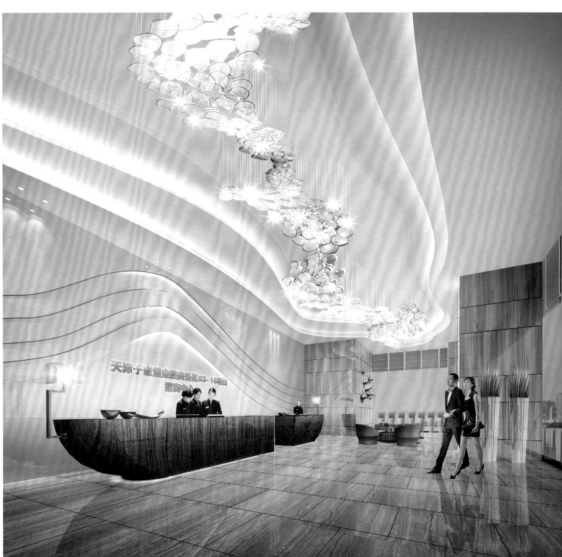

南京浦口市民中心

设计师
Designer

李昂 Li Ang

常州厘百（leeby）艺术设计有限公司

剪纸与折纸艺术是当地的非物质文化遗产，我们将纸的艺术形态结合现代材料，巧妙地运用到此次设计的每一个空间中，贯穿了当地民俗文化中的"纸艺术"特色。江苏省南京浦口市民中心分为三幢楼，建筑设计面积为 47 500 m^2，其功能要求具有多样性。在设计过程中将当地的民俗文化贯穿其中，每个空间的元素须相互统一、穿插，这给整个设计带来了一定挑战。

设计师
Designer

彭云飞 Peng Yunfei

青岛隆和集团

童话世界儿童摄影店位于青岛市胶州市广州路，面积 240 m^2，设计将主题鲜明的咖啡文化植入影楼，改变传统儿童影楼接待区域功能的单一性，将公共空间打造成无处不可拍摄的自拍娱乐空间。这对于孩子和家长来说是一种全新的体验，让孩子"酷"留在空间，改变传统的主色彩和形式。空间设有满足不同年龄段孩子需求和爱好的装饰，同时满足在家里墙面不可乱涂乱画但是在店内可随意涂画的童趣，也使空间装饰多了一份自然亲切。

烟台美术博物馆

设计师
Designer

康悦 Kang Yue

青岛北洋建筑设计院（烟台分院）

渔家文化和海洋文化作为地域性的特质，深深影响着烟台的艺术文化。伴随着新文化、新艺术的长足发展，当地的传统艺术文化得以与之细密地交合。依托设计主旨，分析本案的外观，同时考量其功能特质，内部空间主要使用现代的设计手法，运用洗练的线条和秩序感的构成，让材料质朴地表达自身，营造出简美的艺术空间。一层采用辐射式和串联式，负一层采用厅式进行动线组织和空间设置，增强空间的交互性。

地产售楼空间设计
Real Estate Sales
DESIGN

南京五矿售楼处

设计师
Designer

高文安 Gao Wenan

高文安设计有限公司

　　六朝朱雀，明朝古墙，清朝夫子，民国总统府，秦淮河边的清姿丽质，紫金山畔的雄伟壮阔……都见证了南京几经荣辱的历史，回荡在时光长河中不绝于声。"逛南京像逛古董铺子，到处都有时代侵蚀的痕迹。你可以揣摩，你可以凭吊，可以悠然遐想……"连朱自清都不禁慨叹，这座城的生命力，夹杂着古往今来的韵味，也因此成就了此案的设计基调，即用现代新中式的创意将六朝古都的文化缩影融入设计，一解古城情怀，创新演绎。

山水间——万科·南昌时代广场售楼中心

设计师
Designer

张成喆 Zhang Chengzhe

上海涞澳装饰设计有限公司

将山水画的意境注入会所空间，唤醒了整座建筑的生命力，赋予它另一种截然不同的气场。这种气场并非设计师自立于建筑之中，而是建筑本身意境的延续。"这并非凭空想象，它应该延续建筑及周围环境所拥有的个性和特点。建筑师从景观或周围环境中找寻灵感，而作为室内设计师，我不会凭空去做一个三角或切面，我会在建筑身上找特点。譬如在设计一把椅子的时候，我们必须要先考虑它会被摆放在什么样的房间里，为不同空间设计的东西是截然不同的，所以空间环境和功能的影响才是决定室内设计场所意境的关键。"

北京龙熙旭辉 6 号院售楼处

设计师
Designer

王少青 Wang Shaoqing

赛拉维室内装饰设计（天津）有限公司

这是一个以艺术博物馆特质塑造的售楼处空间，打破传统意义上的营销模式，依托区域艺术文化氛围，强调机能和社会责任，从开发商的角度出发，提高一群人的生活观、美学修养和个人品位。建筑整体富有特色，两侧古典的红砖建筑与中间现代简洁的方形玻璃盒子组成整个售楼处的建筑形态，粗犷的红砖肌理结合通透光滑的玻璃质感，虚实结合，呈现古典与现代的激情演绎，塑造建筑特有的艺术气质。通高纯净的水晶盒子形成室内外的光影互动，丰富了空间层次感。

桃园国际售楼中心

设计师
Designer

康悦 Kang Yue

青岛北洋建筑设计院（烟台分院）

本案设计以时光流淌为设计主旨。项目位于椭圆形的建筑体内，空间的设计构成延续了圆的元素，以模型区为中心，运用辐射式和空间借用的方式，让功能空间伴随时间自然地流动，有效支撑空间商业行为的发生。 平面材料选用人工打磨处理的黑金沙、白色石英文化石、绿可木、青石、20 mm 厚钢化玻璃、白色烤漆方钢、金杉木纹、白色鹅卵石等。

设计师
Designer

欧阳楚坚 Ouyang Chujian

深圳市筑境华艺建筑设计院有限公司

本案在空间布局设计中首先考虑了交通功能，对人行入口和车行入口进行了区分，将内部道路与售楼处室内相结合。鉴于售楼处的使用性质，在人行流线的设计中充分考虑到购房者的视觉感受和心理变化，首先通过开敞的入口空间来烘托售楼处的氛围，具有导向性的铺装可以吸引人群参与，其次半围合的落水墙面非常灵动，"碧水环绕，人水相依"的景致一方面可以呼应建筑立面效果，同时水会给参观者带来亲切感，营造轻松舒缓的氛围。

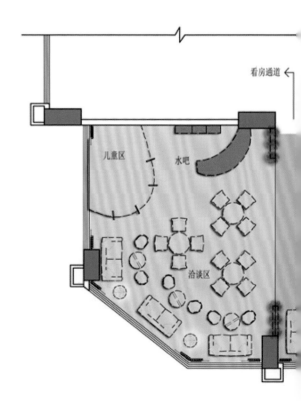

看房通道

儿童区　水吧

洽谈区

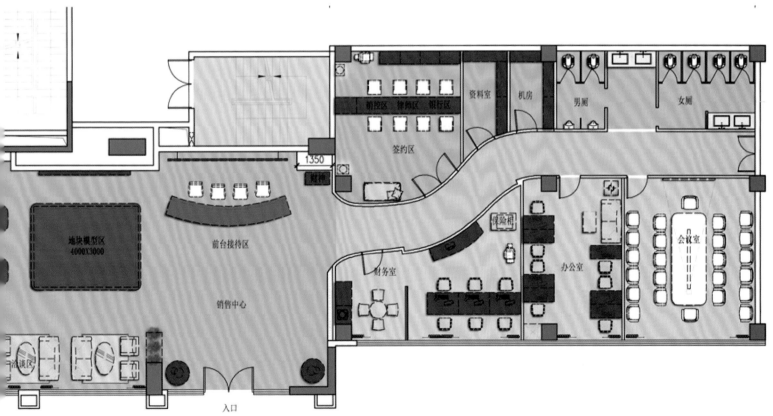

销控区 律商区 银行区

资料室

机房

男厕

女厕

签约区

1350

财神

前台接待区

地块模型区
4000X3000

财务室

保险柜

办公室

会议室

销售中心

洽谈区

入口

广州寰城海航地产天誉四期样板房

设计师
Designer

李友友 Evans Lee

李友友设计师有限公司

海航天誉样板房坐落于广州市天河中心。此次样板房的设计反传统地将建筑、环境心理学、功能性、艺术装饰及时尚玩酷元素巧妙结合，并注入海洋的灵感，于设计中运用不同的物料、色彩、灯光及精准的比例控制，并在融合、创新与实验精神方面取得平衡，从而构思出突破界限的极具性格的空间设计。

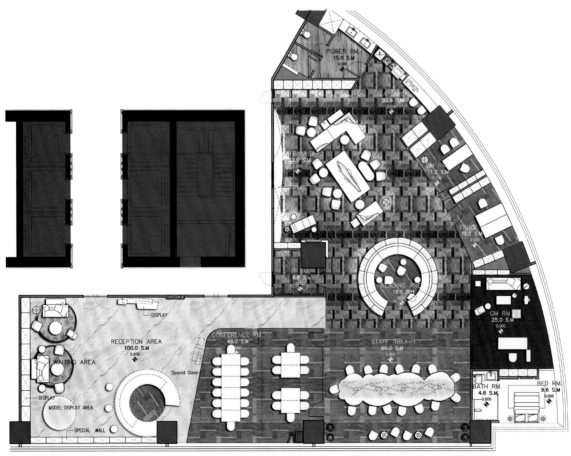

别墅住宅空间设计
Villa Housing
DESIGN

设计师
Designer

高文安 Gao Wenan

高文安设计有限公司

融汇中西文化，并将纳西文化渗入室内空间，丽江瑞吉别墅的整体规划遵循丽江古城的自然法则，便是高低错落的房屋和蜿蜒的流水，让建筑统统朝北向雪山致敬。绚丽花海成片绽放于庭院，一步一景，四季丰盈。中式风尚融传统民风古韵于现代起居，还原纳西风情。设计者随心搭配陈列品和家具，或是不远万里寻觅一件饰品，即便沙发、壁炉的安放也别有心思。收青砖、古铜、原木等的古朴气质于肌理之中，给空间增容，传统文化在这里延寿。

英伦水岸 2 号别墅

设计师
Designer

葛晓彪 Ge Xiaobiao

金元门设计公司

黑格尔说"想象是一种杰出的本领",正如跨界设计师葛晓彪,对于设计始终执着于原创的个性,以打造时尚、经典、高雅的设计思路来"品读"别墅。

这幢英伦格调的别墅,以经典潮流又带点轻奢华的品质来表达。在设计制作中奉行环保节能要求,将很多原生态的材料和智能系统融入其中。精美的门扉,将原本平淡的墙体无限地拉向远方,仿佛既在门里又在门外;客厅的背景以英国诗人拜伦勋爵的爱情诗歌作主题,通过精巧的木刻制作,呈现出犹如翻阅的书籍般的立体效果,别出心裁;而二楼东边的卧室以紫色作为主色调,显得高雅性感,呈现了浪漫的造梦空间;西边的廊道以大面积藏蓝色饰面碰撞玫红色的壁柜,强烈的对比效果让人兴奋;深色调的休闲厅显得那么安静,你可以坐在白色的沙发上,喝上一杯咖啡,看看窗外的美景,产生无限的遐想……很多家具和摆设都是设计师亲手设计与制作的,它们是那么的独一无二,身处其中细细品味,仿佛置身在异国世界,感受一种别样的精致生活。

天津旭辉燕南园项目别墅样板间

设计师
Designer

王少青 Wang Shaoqing

赛拉维室内装饰设计（天津）有限公司

天津旭辉燕南园坐落于西青区南奥体宜居板块，开创了精武镇叠墅产品的先河。其中下叠产品为地上两层，约150 m²，地下一层，面积约50 m²。客户群定位定居在天津的"富贵之家"。通过空间合理的规划，一层作为家庭生活区及长辈房，二层作为主人生活区和男孩房，负一层为影音会客交际区。燕南园邻近繁华都市却又退隐宜居雅境，透过现代设计手法，巧妙糅合空间、文化与生活艺术，彰显出奢华内敛的人文气度和府门涵养；透过主次有序的空间规划，虚实相间、层层推进，俯仰间皆能感受到精致优雅的东方韵致。

设计师
Designer

潘及 Eva

上海涞澳装饰设计有限公司

　　什么样的生活方式和设计风格，属于我们当代主流？它既保持我们文化的传承又不缺新时代的气息……我们常常思考着……

　　在这个案例中，我们运用东方元素，通过家具、面料、饰品来表现，同时也利用了一些西方的方式和当代的表现手法，如颜色的跳跃、材质的多元化……使得空间游走在东方文化和西方当代生活的碰撞中，呈现丰富并具有内涵的气质。

　　在设计过程中，以人物主题为背景，以人物特点作为设计脉络。男主人是一个金融投资者，留学归来，受西方教育，女主人则是一个热爱艺术的全职妈妈，家有一儿一女，生活非常美满。他们有着一样的爱好，就是收藏画和摄影作品。女主人对艺术的品位和对生活的热爱在空间中体现得淋漓尽致。正是这样的人物背景，让空间中弥漫着东西混合的特殊韵味。其中我们还运用了 HERMES 的主题，来延续他们的爱好，如价值不菲的 HERMES 马鞍、餐具、毯子等都让空间增色。来自意大利 Armanicasa，Flexform，MINOTTI 等品牌的家具，也带来不一样的尊贵体验。

海派文化传承与发扬的斗室

设计师
Designer

郑仕梁 Ivan Cheng

Ivan C. Design Limited

阁楼地处被誉为"南翔国际居住社区"和"上海市郊第一 CBD 南翔智地"的商业中心——中冶祥腾城市广场内。在设计面积约 110 m² 的 LOFT 空间内，设计师融贯中西元素，运用舞台设计手法，创作不同的场景，却又巧妙地将它们融合在一起，光影交错，色彩丰富温馨，营造出悠闲、静谧、舒适的居所氛围。采用 S 形隔层收边，营造别致的挑高空间，既具有古典而明快的教堂空间氛围，又拥有一个中西融合的院落。

设计师
Designer

翁瑞栋 Weng Ruidong

杭州华优室内设计有限公司

项目由金隅（杭州）房地产开发有限公司投资开发建设，地处杭州沿江东居住核心区，傲踞钱塘江世界级湾区，位于杭州极致稀缺的江景豪宅第一排。本案为新中式设计风格。新中式风格讲究对称，让协调的感觉平衡，与传统风格一样追求内敛、朴素。装修手法的不同也增强了实用性，使其更富现代感。现代家具与复古配饰的结合调配出一个理想的生活环境，宁静又温暖。

兰馨之家

设计师
Designer

陈永华 Edward Chen

上海慧臣空间设计有限公司

　　项目根据事先确定的软装家具的风格来确定整体的室内设计风格。为了更好地突出整体的家具效果，将设计风格确定为新古典，在色彩上更用黑白为硬装主色调。在进入别墅的大门入口进行局部调整，在入口的两边增加两个具有欧式意境感的门柱。在内部空间，以平面功能规划，将餐厅放置在客厅沙发的后面，将餐厅与客厅放置在一起，增加两个常用功能区空间的互动性。在二楼将两个卧室重新规划布局，让空气流动更通畅，同时在人流动向上也更加符合人体工学。

花涧堂·苏州平江路探花府

设计师
Designer

骆敏卉，王素美 Temy Lo, Chloe Wang

瑾润（上海）建筑设计事务所

建筑美学是这座宅子的价值所在。花涧堂以正宗的工法，依据古园林学者陈从周先生于 20 世纪 50 年代拍摄的潘宅照片和亲手绘制的图纸，运用特有的 101 道工序进行修缮，这是花涧堂以尊重传统建筑美学的方式来突显老宅的价值，也是整个项目修复设计的硬支架。软装设计则承袭了一贯的花间美学，不拘古法，以依附于人、依附于地方的人文之美为选择方向，舍弃了传统中式古典家具，大胆采用新中式的概念作为我们家具选择的主轴，辅以色彩跳跃的现代家具，为老宅增添一些新生的力量。

东方韵，徽常美

设计师
Designer

赵芳节 Zhao Fangjie

北京锦楠装饰设计有限公司（遵化分公司）

在现代快节奏的都市生活中，人们的生活压力加大，家就成为了心灵港湾，所承载的应该是生活的乐趣与内心的呵护。本案运用简约、慢活、平静、留白打造了一个清新自然的休闲度假居室。立足于对人心灵的关怀，用现代的手法结合古建元素来全新演绎属于我们中国设计人对于设计本身的思考以及创新。本案取名"东方韵，徽常美"，应用全新简约的手法来体现人文之美、山水之智慧、生活禅之运用与探讨、生活与自然的完美协调以及中国古元素的提取应用。

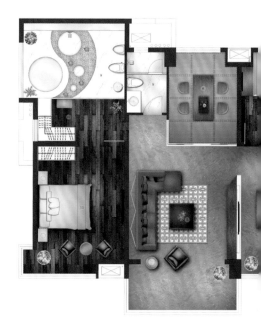

绿城新华园

设计师
Designer

周斌 Zhou Bin

杭州朗居家居有限公司

作为绿城集团2014年精品项目，本会所面积3000 m²，设计风格为法式古典，坚持空间、色彩、实用、品质四大原则。设计师采用了原色——红、黄、蓝作为整个项目的主色调，大胆的色彩碰撞，让整个项目在色彩的整体上耳目一新。在灯的选择上，大胆地采用了满铺的水晶灯，采用中式祥云的元素，让整个主灯气势恢宏，还原室内空间真正生活化、人性化的一面。

设计师
Designer
张自然 Zhang Ziran
烟台佰成自然装饰有限公司

作品以新古典风格为基调，取海滨城市人文景观色为空间意象，旨在营造出空间的闲适、惬意，孕育出对生活恬淡与美好的憧憬。设计以一种永不褪色的空间色彩表情，讲述人对生活的一种向往、一份迷恋、一份关怀，让岁月的光辉在自然中温馨妩媚地流淌着。流畅的线条、开阔的空间布局，引导着主人在属于自己的生活环境中罗曼蒂克地生活。空间布局主要以家庭生活为导向，突出别墅自身的空间，利用直线、弧线分割，空间看似独立又具有连通性，这让家庭生活既私密又多元化。

流浪者——波西米亚风

设计师
Designer

李亚东 Li Yadong

自由设计师

真正的波西米亚风格并不是表面上繁复的层层叠叠和披披挂挂，而是一种崇尚自由的人文精神和浪漫随性的生活态度。波西米亚人奔放、浪漫、无所顾忌，这个流浪的民族喜欢通过随意的席地而坐来表达天人合一的人生境界，喜欢作旧却又蕴含精致，用心来彰显自己的独一无二。在这商品化批量生产和形式上机械复制已代替精细手工制作的今天，波西米亚人追求生活的本真似乎也离我们愈来愈远。无妨，我们还可以沿着波西米亚人来时的足迹，从中寻找一些元素来体会这个浪漫民族对生活的精心态度。